# 四川省工程建设地方标准

## 回弹法检测高强混凝土抗压强度技术规程

### DBJ51/T 018 – 2013

Technical Specification for Inspecting of High Strength
Concrete Compressive Strength By Rebound Method

主编单位： 四 川 省 建 筑 科 学 研 究 院
成 都 市 华 西 绿 舍 建 材 有 限 公 司

批准部门： 四 川 省 住 房 和 城 乡 建 设 厅

施行日期： 2 0 1 4

U0205791

西南交通大学出版社

2014 成 都

图书在版编目（CIP）数据

回弹法检测高强混凝土抗压强度技术规程 / 四川省建筑科学研究院，四川华西绿舍建材有限公司编著. —成都：西南交通大学出版社，2014.8（2021.11 重印）
ISBN 978-7-5643-3296-9

Ⅰ. ①回… Ⅱ. ①四… ②四… Ⅲ. ①回弹法－应用－混凝土－抗压强度－检测－技术操作规程 Ⅳ. ①TU528-65

中国版本图书馆 CIP 数据核字（2014）第 192042 号

**回弹法检测高强混凝土抗压强度技术规程**

主编单位　四川省建筑科学研究院
　　　　　四川华西绿舍建材有限公司

| | |
|---|---|
| 责 任 编 辑 | 张　波 |
| 封 面 设 计 | 原谋书装 |
| 出 版 发 行 | 西南交通大学出版社 |
| | （四川省成都市金牛区交大路 146 号） |
| 发行部电话 | 028-87600564　028-87600533 |
| 邮 政 编 码 | 610031 |
| 网　　　址 | http://www.xnjdcbs.com |
| 印　　　刷 | 成都蜀通印务有限责任公司 |
| 成 品 尺 寸 | 140 mm × 203 mm |
| 印　　　张 | 1.75 |
| 字　　　数 | 39 千字 |
| 版　　　次 | 2014 年 8 月第 1 版 |
| 印　　　次 | 2021 年 11 月第 4 次 |
| 书　　　号 | ISBN 978-7-5643-3296-9 |
| 定　　　价 | 23.00 元 |

# 关于发布四川省工程建设地方标准《回弹法检测高强混凝土抗压强度技术规程》的通知

川建标发〔2013〕617号

各市州及扩权试点县住房城乡建设行政主管部门，各有关单位：

由四川省建筑科学研究院、四川华西绿舍建材有限公司主编的《回弹法检测高强混凝土抗压强度技术规程》，已经我厅组织专家审查通过，现批准为四川省推荐性工程建设地方标准，编号为：DBJ51/T018—2013，自2014年3月1日起在全省实施。该标准由四川省住房和城乡建设厅负责管理，四川省建筑科学研究院负责技术内容解释。

四川省住房和城乡建设厅
2013年12月25日

# 前　言

根据四川省住房和城乡建设厅《关于下达四川省工程建设地方标准〈回弹法检测高强混凝土抗压强度技术规程〉编制计划的通知》（川建标发〔2012〕266号），规程编制组结合我省高强混凝土的科研、生产与施工现状，经过大量的实验和调查研究，并参考了国内有关技术标准，在广泛征求意见的基础上，编制了本规程。

本规程共6章、2个附录，主要内容是：总则、术语和符号、回弹仪、检测技术、测强曲线、混凝土强度的计算。

本规程由四川省住房和城乡建设厅负责管理，四川建筑科学研究院负责具体技术内容的解释。执行过程中如有意见或建议，请寄送四川省建筑科学研究院（地址：四川省成都市一环路北三段55号；邮政编码：610081；E-mail：gongcaisuo@163.com）。

本规程主编单位、参编单位、主要起草人、主要审查人：

主编单位：四川省建筑科学研究院

　　　　　四川华西绿舍建材有限公司

参编单位：成都市建工科学研究设计院

　　　　　四川省建业工程质量检测有限公司

　　　　　四川省川建工程检测有限责任公司

　　　　　成都建工混凝土工程有限公司

成都宏基商品混凝土有限公司

成都建工成新混凝土工程有限公司

中建商品混凝土成都有限公司

成都远卓商品混凝土有限公司

成都成通建筑材料有限公司

四川通德混凝土有限公司

成都市第一建筑工程公司

成都翔盛商品混凝土有限公司

宜宾市远大混凝土销售有限公司

四川华构住宅工业有限公司

南充时代建材有限责任公司

主要起草人：彭泽杨　刘登贤　毛海勇　金永树

　　　　　　刘　辉　和德亮　李华东　李　峰

　　　　　　彭文彬　梁　卫　申志平　杨晓梅

　　　　　　齐年平　胡　亮　刘华东　宋　宏

　　　　　　王　昶　邓昭明　唐　伟　林喜华

　　　　　　胡静民　胡　波　朱万明　陈玉凯

　　　　　　张国江　侯键频　唐玉琴

主要审查人：秦　钢　王其贵　刘明康　章一萍

　　　　　　李固华　周六光　高育欣

# 目　次

# Contents

# 1 总 则

**1.0.1** 为统一使用回弹仪检测高强混凝土抗压强度的方法，保证检测精度，制定本规程。

**1.0.2** 本规程适用于四川地区工程结构中(50.0~100.0)MPa混凝土抗压强度（以下简称混凝土强度）的检测，不适用于表层与内部质量有明显差异或内部存在缺陷的混凝土强度检测。

**1.0.3** 使用回弹法进行检测的人员，应通过专门的技术培训。

**1.0.4** 回弹法检测混凝土强度除应符合本规程外，尚应符合国家现行有关标准的规定。

# 2 术语和符号

## 2.1 术　语

**2.1.1** 测区　test area

检测构件混凝土强度时的一个检测单元。

**2.1.2** 测点　test point

测区内的一个回弹检测点。

**2.1.3** 测区混凝土强度换算值　conversion value of concrete compressive strength of test area

由测区的平均回弹值和碳化深度值通过测强曲线或测区强度换算表得到的测区现龄期混凝土强度值。

**2.1.4** 混凝土强度推定值　estimation value of strength for concrete

相应于强度换算值总体分布中保证率不低于 95%的构件中的混凝土强度值。

**2.1.5** 泵送混凝土　pumping concrete

可在施工现场通过压力泵及输送管道进行浇筑的混凝土。

## 2.2 符　号

$d_m$——测区的平均碳化深度值；

$R_i$——测区第 $i$ 个测点的回弹值；

$R_m$——测区的平均回弹值；

$f_{cu,h,i}^c$ ——测区混凝土强度换算值；

$f_{cor,m}$ ——芯样试件混凝土强度平均值；

$f_{cu,m0}^c$ ——对应于钻芯部位回弹测区混凝土强度换算值的
平均值；

$f_{cor,i}$ ——第 $i$ 个混凝土芯样试件的抗压强度；

$f_{cu,h,i0}^c$ ——修正前第 $i$ 测区的混凝土强度换算值；

$f_{cu,h,i1}^c$ ——修正后第 $i$ 测区的混凝土强度换算值；

$m_{f_{cu,h}^c}$ ——测区混凝土强度换算值的平均值；

$f_{cu,h,min}^c$ ——构件中测区混凝土强度换算值的最小值；

$S_{f_{cu,h}^c}$ ——构件测区混凝土强度换算值的标准差；

$f_{cu,h,e}$ ——构件混凝土强度推定值；

$\Delta_{tot}$ ——测区混凝土强度修正量。

# 3 回弹仪

## 3.1 技术要求

**3.1.1** 回弹仪的标称能量应为 5.5 J。

**3.1.2** 回弹仪应具有产品合格证及计量检定证书，并应在回弹仪的明显位置上标注名称、型号、制造厂名（或商标）、出厂编号等。

**3.1.3** 回弹仪除应符合现行国家标准《回弹仪》GB/T 9138 的规定外，尚应符合下列规定：

    **1** 水平弹击时，在弹击锤脱钩瞬间，回弹仪的标称能量应为 5.5 J；

    **2** 在弹击锤与弹击杆碰撞的瞬间，弹击拉簧应处于自由状态，且弹击锤起跳点应位于指针指示刻度尺上的"0"处；

    **3** 在洛氏硬度 HRC 为 60 ± 2 的钢砧上，回弹仪的率定值应为 83±2。

**3.1.4** 回弹仪使用时的环境温度应为(－4～40)°C。

## 3.2 检 定

**3.2.1** 回弹仪检定周期为半年，当回弹仪具有下列情况之一时，应由法定计量检定机构按现行行业标准《回弹仪》JJG 817 进行检定：

    **1** 新回弹仪启用前；

**2** 超过检定有效期限；

**3** 经保养后，在钢砧上的率定值不合格；

**4** 遭受可能影响其测试精度的损害时。

**3.2.2** 回弹仪的率定试验应符合下列规定：

**1** 率定试验应在室温为(5～35)℃ 的条件下进行；

**2** 钢砧表面应干燥、清洁，并应稳固地平放在刚度大的物体上；

**3** 回弹值应取连续向下弹击 3 次的稳定回弹结果的平均值；

**4** 率定试验应分 4 个方向进行，且每个方向弹击前，弹击杆应旋转 90°，每个方向的回弹平均值均应为 83 ± 2。

**3.2.3** 回弹仪率定试验所用的钢砧应每 2 年送法定计量检定机构检定或校准。

## 3.3 保 养

**3.3.1** 当回弹仪存在下列情况之一时，应进行保养：

**1** 回弹仪弹击超过 2 000 次；

**2** 在钢砧上的率定值不合格；

**3** 对检测值有怀疑。

**3.3.2** 回弹仪的保养应按下列步骤进行：

**1** 先将弹击锤脱钩，取出机芯，然后卸下弹击杆，取出里面的缓冲压簧，并取出弹击锤、弹击拉簧和拉簧座；

**2** 清洁机芯各零部件，并应重点清理中心导杆、弹击锤和弹击杆的内孔及冲击面。清理后，应在中心导杆上薄薄涂抹钟表油，其他零部件不得抹油；

**3** 清理机壳内壁，卸下刻度尺，检查指针，其摩擦力应为$(0.50 \sim 0.80)$N；

**4** 保养时，不得旋转尾盖上已定位紧固的调零螺丝，不得自制或更换零部件；

**5** 保养后应按本规程第3.2.2条的规定进行率定。

**3.3.3** 回弹仪使用完毕，应使弹击杆伸出机壳，并应清除弹击杆、杆前端球面以及刻度尺表面和外壳上的污垢、尘土。回弹仪不用时，应将弹击杆压入机壳内，经弹击后按下按钮，锁住机芯，然后装入仪器箱。仪器箱应平放在干燥阴凉处。

# 4 检测技术

## 4.1 一般规定

**4.1.1** 采用回弹法检测混凝土强度时，宜具有下列资料：

   **1** 工程名称、设计单位、施工单位；

   **2** 构件名称、数量及混凝土类型、强度等级；

   **3** 水泥安定性、外加剂及掺合料品种、混凝土配合比等；

   **4** 施工模板、混凝土浇筑及养护情况、浇筑日期等；

   **5** 必要的设计图纸和施工记录；

   **6** 检测原因。

**4.1.2** 回弹仪在检测前后，均应在钢砧上做率定试验，并应符合本规程第3.1.2条的规定。

**4.1.3** 混凝土强度可按单个构件或按批量进行检测，并应符合下列规定：

   **1** 单个构件的检测应符合本规程第4.1.4条的规定。

   **2** 对于混凝土生产工艺、强度等级相同，原材料、配合比、养护条件基本一致且龄期相近的一批同类构件的检测应采用批量检测。按批量进行检测时，应随机抽取构件，抽检数量不宜少于同批构件总数的30%且不宜少于10件。当检验批构件数量大于30个时，抽样构件数量可适当调整，并不得少于现行国家标准《建筑结构检测技术标准》GB/T 50344规定的最小抽样数量。

  **4.1.4** 单个构件的检测应符合下列规定：

**1** 对于一般构件，测区数不宜少于 10 个。当受检构件数量大于 30 个且不需提供单个构件推定强度或受检构件某一方向尺寸不大于 4.5 m 且另一方向尺寸不大于 0.3 m 时，每个构件的测区数量可适当减少，但不应少于 5 个。

**2** 相邻两测区的间距不应大于 2 m，测区离构件端部或施工缝边缘的距离不宜大于 0.5 m，且不宜小于 0.2 m。

**3** 测区应选在能使回弹仪处于水平方向的混凝土浇筑侧面。

**4** 测区宜布置在构件的两个对称的可测面上，当不能布置在对称的可测面上时，也可布置在同一个可测面上，且应均匀分布。在构件的重要部位及薄弱部位应布置测区，并应避开预埋件。

**5** 测区的面积不宜大于 0.04 m²。

**6** 测区表面应为混凝土原浆面，并应清洁、平整，不应有疏松层、浮浆、油垢、涂层以及蜂窝、麻面。

**7** 对于弹击时产生颤动的薄壁、小型构件，应进行固定。

**4.1.5** 测区应标有清晰的编号，并宜在记录纸上绘制测区布置示意图和描述外观质量情况。

**4.1.6** 当检测条件与本规程第 5.0.1 条的适用条件有较大差异时，可采用在构件上钻取的混凝土芯样对测区混凝土强度换算值进行修正。对同一强度等级混凝土修正时，芯样数量不应少于 6 个，公称直径宜为 100 mm，高径比应为 1。芯样应在测区内钻取，每个芯样应只加工一个试件。计算时，测区混凝土强度修正量及测区混凝土强度换算值的修正应符合下列规定：

**1** 修正量应按下列公式计算：

$$\Delta_{\text{tot}} = f_{\text{cor,m}} - f_{\text{cu,m0}}^{\text{c}} \qquad (4.1.6\text{-}1)$$

$$f_{\text{cor,m}} = \frac{1}{n}\sum_{i=1}^{n} f_{\text{cor},i} \qquad (4.1.6\text{-}2)$$

$$f_{\text{cu,m0}}^{\text{c}} = \frac{1}{n}\sum_{i=1}^{n} f_{\text{cu,h},i}^{\text{c}} \qquad (4.1.6\text{-}3)$$

式中　$\Delta_{\text{tot}}$ ——测区混凝土强度修正量(MPa)，精确到 0.1 MPa；

　　　$f_{\text{cor,m}}$ ——芯样试件混凝土强度平均值（MPa），精确到 0.1 MPa；

　　　$f_{\text{cu,m0}}^{\text{c}}$ ——对应于钻芯部位回弹测区混凝土强度换算值 的平均值，精确到 0.1 MPa；

　　　$f_{\text{cor},i}$ ——第 $i$ 个混凝土芯样试件的抗压强度；

　　　$f_{\text{cu,h},i}^{\text{c}}$ ——对应于第 $i$ 个芯样部位测区回弹值和碳化深度 值的混凝土强度换算值，可按本规程附录 A 取值；

　　　$n$ ——芯样数量。

**2**　测区混凝土强度换算值的修正应按下式计算：

$$f_{\text{cu,h},i1}^{\text{c}} = f_{\text{cu,h},i0}^{\text{c}} + \Delta_{\text{tot}} \qquad (4.1.6\text{-}4)$$

式中　$f_{\text{cu,h},i0}^{\text{c}}$ ——第 $i$ 测区修正前的混凝土强度换算值（MPa），精确到 0.1 MPa；

　　　$f_{\text{cu,h},i1}^{\text{c}}$ ——第 $i$ 测区修正后的混凝土强度换算值（MPa），精确到 0.1 MPa。

**4.1.7**　高强混凝土构件的强度检测应符合下列规定：

**1**　当碳化深度值不大于 2.0 mm 时，每一测区混凝土强度 换算值应按本规程附录 A 查表或计算得出。

**2** 当碳化深度值大于 2.0 mm 时，应按本规程第 4.1.6 条的规定进行检测。

## 4.2 回弹值测量与计算

**4.2.1** 测量回弹值时，回弹仪的轴线应始终垂直于混凝土检测面，并应缓慢施压、准确读数、快速复位。

**4.2.2** 每一测区应读取 16 个回弹值，每一测点的回弹值读数应精确至 1。测点宜在测区范围内均匀分布，相邻两测点的净距离不宜小于 20 mm；测点距外露钢筋、预埋件的距离不宜小于 30 mm；测点不应在气孔或外露石子上，同一测点应只弹击一次。

**4.2.3** 计算测区平均回弹值时，应从该测区的 16 个回弹值中剔除 3 个最大值和 3 个最小值，其余的 10 个回弹值按下式计算：

$$R_{\mathrm{m}} = \frac{\sum\limits_{i=1}^{10} R_i}{10} \qquad (4.2.3)$$

式中　$R_{\mathrm{m}}$——测区平均回弹值，精确至 0.1；

　　　$R_i$——第 $i$ 个测点的回弹值。

## 4.3 碳化深度值测量

**4.3.1** 回弹值测量完毕后，应在有代表性的测区上测量碳化深度值，检测数量不应少于构件测区数的 30%，应取其平均值作为该构件每个测区的碳化深度值。

**4.3.2** 碳化深度值的测量应符合下列规定：

**1** 可采用工具在测区表面形成直径约 15 mm 的孔洞，其深度应大于混凝土的碳化深度；

**2** 应清除孔洞中的粉末和碎屑，且不得用水擦洗；

**3** 应采用浓度为 1%～2%的酚酞酒精溶液滴在孔洞内壁的边缘处，当已碳化与未碳化界线清晰时，应采用碳化深度测量仪测量已碳化与未碳化混凝土交界面到混凝土表面的垂直距离，并应测量 3 次，每次读数应精确至 0.25 mm；

**4** 应取 3 次测量的平均值作为检测结果，并应精确至 0.5 mm。

# 5 测强曲线

**5.0.1** 符合下列条件的混凝土，测区强度应按本规程附录 A 进行强度换算：

   **1** 混凝土采用的水泥、砂石、外加剂、掺合料、拌合用水符合国家现行有关标准；

   **2** 采用普通成型工艺；

   **3** 采用符合国家标准规定的模板；

   **4** 泵送混凝土；

   **5** 混凝土表层为干燥状态；

   **6** 自然养护且龄期为(14～180)d；

   **7** 抗压强度为(50.0～100.0)MPa。

**5.0.2** 当有下列情况之一时，测区混凝土强度不得按本规程附录 A 进行强度换算：

   **1** 混凝土粗骨料最大公称粒径大于 31.5 mm；

   **2** 特种成型工艺制作的混凝土；

   **3** 检测部位曲率半径小于 250 mm；

   **4** 潮湿或浸水混凝土。

# 6 混凝土强度的计算

**6.0.1** 构件第 $i$ 个测区混凝土强度换算值，可按本规程第 4.2.3 条所求得的平均回弹值（ $R_m$ ）及按本规程第 4.3 条所求得的平均碳化深度值（ $d_m$ ）由本规程附录 A 查表或计算得出。

**6.0.2** 构件的测区混凝土强度平均值应根据各测区的混凝土强度换算值计算。当测区数为 10 个及以上时，还应计算强度标准差。平均值及标准差应按下列公式计算：

$$m_{f_{cu,h}^c} = \frac{\sum_{i=1}^{n} f_{cu,h,i}^c}{n} \qquad (6.0.2\text{-}1)$$

$$S_{f_{cu,h}^c} = \sqrt{\frac{\sum_{i=1}^{n} (f_{cu,h,i}^c)^2 - n(m_{f_{cu,h}^c})^2}{n-1}} \qquad (6.0.2\text{-}2)$$

式中   $m_{f_{cu,h}^c}$ ——构件测区混凝土强度换算值的平均值（MPa），

精确至 0.1 MPa；

$n$——对于单个检测的构件，取该构件的测区数；对批量检测的构件，取所有被抽检构件测区数之和；

$S_{f_{cu,h}^c}$ ——结构或构件测区混凝土强度换算值的标准差

（MPa），精确至 0.01 MPa。

**6.0.3** 构件的现龄期混凝土强度推定值（ $f_{cu,h,e}$ ）应按下列规定：

    **1**   当构件的测区混凝土强度换算值中出现小于 50.0 MPa 时，应按下式确定：

$$f_{\mathrm{cu,h,e}} < 50.0 \ \mathrm{MPa} \qquad\qquad (6.0.3\text{-}1)$$

**2** 当构件测区数少于 10 个时，应按下式计算：

$$f_{\mathrm{cu,h,e}} = f_{\mathrm{cu,h,min}}^{\mathrm{c}} \qquad\qquad (6.0.3\text{-}2)$$

式中　$f_{\mathrm{cu,h,min}}^{\mathrm{c}}$——构件中最小的测区混凝土强度换算值。

**3** 当构件测区数不少于 10 个时，应按下式计算：

$$f_{\mathrm{cu,h,e}} = m_{f_{\mathrm{cu,h}}^{\mathrm{c}}} - 1.645 S_{f_{\mathrm{cu,h}}^{\mathrm{c}}} \qquad\qquad (6.0.3\text{-}3)$$

**4** 当批量检测时，应按下式计算：

$$f_{\mathrm{cu,h,e}} = m_{f_{\mathrm{cu,h}}^{\mathrm{c}}} - k S_{f_{\mathrm{cu,h}}^{\mathrm{c}}} \qquad\qquad (6.0.3\text{-}4)$$

式中　$k$——推定系数，宜取 1.645。当需要进行推定强度区间时，可按国家现行有关标准的规定取值。

**6.0.4** 对按批量检测的构件，当该批构件混凝土强度平均值不小于 50.0 MPa 且不大于 100.0 MPa、标准差 $S_{f_{\mathrm{cu,h}}^{\mathrm{c}}} > 6.0$ MPa 时，该批构件应全部按单个构件检测。

**6.0.5** 回弹法检测高强混凝土抗压强度报告可按本规程附录 B 的格式编写。

# 附录 A 测区混凝土强度换算值

表 A 测区混凝土强度换算表

| 平均回弹值 $R_m$ | 测区混凝土强度换算值 $f^c_{cu,h,i}$ /MPa | | | | |
|---|---|---|---|---|---|
| | 平均碳化深度值 $d_m$/mm | | | | |
| | 0.0 | 0.5 | 1.0 | 1.5 | ≥2.0 |
| 30.0 | 50.1 | — | — | — | — |
| 30.1 | 50.3 | — | — | — | — |
| 30.2 | 50.6 | — | — | — | — |
| 30.3 | 50.8 | — | — | — | — |
| 30.4 | 51.1 | — | — | — | — |
| 30.5 | 51.4 | 50.0 | — | — | — |
| 30.6 | 51.6 | 50.3 | — | — | — |
| 30.7 | 51.9 | 50.5 | — | — | — |
| 30.8 | 52.2 | 50.8 | — | — | — |
| 30.9 | 52.4 | 51.0 | — | — | — |
| 31.0 | 52.7 | 51.3 | — | — | — |
| 31.1 | 53.0 | 51.5 | 50.2 | — | — |
| 31.2 | 53.2 | 51.8 | 50.4 | — | — |
| 31.3 | 53.5 | 52.1 | 50.7 | — | — |
| 31.4 | 53.8 | 52.3 | 50.9 | — | — |
| 31.5 | 54.0 | 52.6 | 51.2 | — | — |
| 31.6 | 54.3 | 52.8 | 51.4 | 50.1 | — |

续表 A

| 平均回弹值 $R_m$ | 测区混凝土强度换算值 $f^c_{cu,h,i}$ /MPa | | | | |
|---|---|---|---|---|---|
| | 平均碳化深度值 $d_m$/mm | | | | |
| | 0.0 | 0.5 | 1.0 | 1.5 | ≥2.0 |
| 31.7 | 54.6 | 53.1 | 51.7 | 50.3 | — |
| 31.8 | 54.8 | 53.4 | 51.9 | 50.6 | — |
| 31.9 | 55.1 | 53.6 | 52.2 | 50.8 | — |
| 32.0 | 55.4 | 53.9 | 52.5 | 51.1 | — |
| 32.1 | 55.6 | 54.2 | 52.7 | 51.3 | — |
| 32.2 | 55.9 | 54.4 | 53.0 | 51.6 | 50.2 |
| 32.3 | 56.2 | 54.7 | 53.2 | 51.8 | 50.4 |
| 32.4 | 56.5 | 55.0 | 53.5 | 52.1 | 50.7 |
| 32.5 | 56.7 | 55.2 | 53.7 | 52.3 | 50.9 |
| 32.6 | 57.0 | 55.5 | 54.0 | 52.6 | 51.2 |
| 32.7 | 57.3 | 55.8 | 54.3 | 52.8 | 51.4 |
| 32.8 | 57.6 | 56.0 | 54.5 | 53.1 | 51.6 |
| 32.9 | 57.8 | 56.3 | 54.8 | 53.3 | 51.9 |
| 33.0 | 58.1 | 56.6 | 55.0 | 53.6 | 52.1 |
| 33.1 | 58.4 | 56.8 | 55.3 | 53.8 | 52.4 |
| 33.2 | 58.7 | 57.1 | 55.6 | 54.1 | 52.6 |
| 33.3 | 58.9 | 57.4 | 55.8 | 54.3 | 52.9 |
| 33.4 | 59.2 | 57.6 | 56.1 | 54.6 | 53.1 |
| 33.5 | 59.5 | 57.9 | 56.4 | 54.8 | 53.4 |
| 33.6 | 59.8 | 58.2 | 56.6 | 55.1 | 53.6 |
| 33.7 | 60.0 | 58.4 | 56.9 | 55.4 | 53.9 |

| 平均回弹值 $R_m$ | 测区混凝土强度换算值 $f^c_{cu,h,i}$ /MPa | | | | |
|---|---|---|---|---|---|
| | 平均碳化深度值 $d_m$/mm | | | | |
| | 0.0 | 0.5 | 1.0 | 1.5 | ≥2.0 |
| 33.8 | 60.3 | 58.7 | 57.1 | 55.6 | 54.1 |
| 33.9 | 60.6 | 59.0 | 57.4 | 55.9 | 54.4 |
| 34.0 | 60.9 | 59.3 | 57.7 | 56.1 | 54.6 |
| 34.1 | 61.2 | 59.5 | 57.9 | 56.4 | 54.9 |
| 34.2 | 61.4 | 59.8 | 58.2 | 56.7 | 55.1 |
| 34.3 | 61.7 | 60.1 | 58.5 | 56.9 | 55.4 |
| 34.4 | 62.0 | 60.4 | 58.7 | 57.2 | 55.6 |
| 34.5 | 62.3 | 60.6 | 59.0 | 57.4 | 55.9 |
| 34.6 | 62.6 | 60.9 | 59.3 | 57.7 | 56.1 |
| 34.7 | 62.9 | 61.2 | 59.5 | 58.0 | 56.4 |
| 34.8 | 63.1 | 61.5 | 59.8 | 58.2 | 56.7 |
| 34.9 | 63.4 | 61.7 | 60.1 | 58.5 | 56.9 |
| 35.0 | 63.7 | 62.0 | 60.4 | 58.7 | 57.2 |
| 35.1 | 64.0 | 62.3 | 60.6 | 59.0 | 57.4 |
| 35.2 | 64.3 | 62.6 | 60.9 | 59.3 | 57.7 |
| 35.3 | 64.6 | 62.8 | 61.2 | 59.5 | 57.9 |
| 35.4 | 64.9 | 63.1 | 61.4 | 59.8 | 58.2 |
| 35.5 | 65.1 | 63.4 | 61.7 | 60.1 | 58.5 |
| 35.6 | 65.4 | 63.7 | 62.0 | 60.3 | 58.7 |
| 35.7 | 65.7 | 64.0 | 62.3 | 60.6 | 59.0 |
| 35.8 | 66.0 | 64.2 | 62.5 | 60.9 | 59.2 |

续表 A

| 平均回弹值 $R_m$ | 测区混凝土强度换算值 $f^c_{cu,h,i}$ /MPa | | | | |
|---|---|---|---|---|---|
| | 平均碳化深度值 $d_m$/mm | | | | |
| | 0.0 | 0.5 | 1.0 | 1.5 | ≥2.0 |
| 35.9 | 66.3 | 64.5 | 62.8 | 61.1 | 59.5 |
| 36.0 | 66.6 | 64.8 | 63.1 | 61.4 | 59.7 |
| 36.1 | 66.9 | 65.1 | 63.3 | 61.7 | 60.0 |
| 36.2 | 67.2 | 65.4 | 63.6 | 61.9 | 60.3 |
| 36.3 | 67.5 | 65.7 | 63.9 | 62.2 | 60.5 |
| 36.4 | 67.7 | 65.9 | 64.2 | 62.5 | 60.8 |
| 36.5 | 68.0 | 66.2 | 64.4 | 62.7 | 61.0 |
| 36.6 | 68.3 | 66.5 | 64.7 | 63.0 | 61.3 |
| 36.7 | 68.6 | 66.8 | 65.0 | 63.3 | 61.6 |
| 36.8 | 68.9 | 67.1 | 65.3 | 63.5 | 61.8 |
| 36.9 | 69.2 | 67.4 | 65.6 | 63.8 | 62.1 |
| 37.0 | 69.5 | 67.6 | 65.8 | 64.1 | 62.4 |
| 37.1 | 69.8 | 67.9 | 66.1 | 64.3 | 62.6 |
| 37.2 | 70.1 | 68.2 | 66.4 | 64.6 | 62.9 |
| 37.3 | 70.4 | 68.5 | 66.7 | 64.9 | 63.2 |
| 37.4 | 70.7 | 68.8 | 67.0 | 65.2 | 63.4 |
| 37.5 | 71.0 | 69.1 | 67.2 | 65.4 | 63.7 |
| 37.6 | 71.3 | 69.4 | 67.5 | 65.7 | 64.0 |
| 37.7 | 71.6 | 69.7 | 67.8 | 66.0 | 64.2 |
| 37.8 | 71.9 | 69.9 | 68.1 | 66.3 | 64.5 |
| 37.9 | 72.2 | 70.2 | 68.4 | 66.5 | 64.8 |

续表 A

| 平均回弹值 $R_m$ | 测区混凝土强度换算值 $f^c_{cu,h,i}$ /MPa | | | | |
|---|---|---|---|---|---|
| | 平均碳化深度值 $d_m$/mm | | | | |
| | 0.0 | 0.5 | 1.0 | 1.5 | ≥2.0 |
| 38.0 | 72.5 | 70.5 | 68.6 | 66.8 | 65.0 |
| 38.1 | 72.8 | 70.8 | 68.9 | 67.1 | 65.3 |
| 38.2 | 73.1 | 71.1 | 69.2 | 67.4 | 65.6 |
| 38.3 | 73.4 | 71.4 | 69.5 | 67.6 | 65.8 |
| 38.4 | 73.7 | 71.7 | 69.8 | 67.9 | 66.1 |
| 38.5 | 74.0 | 72.0 | 70.1 | 68.2 | 66.4 |
| 38.6 | 74.3 | 72.3 | 70.3 | 68.5 | 66.6 |
| 38.7 | 74.6 | 72.6 | 70.6 | 68.7 | 66.9 |
| 38.8 | 74.9 | 72.9 | 70.9 | 69.0 | 67.2 |
| 38.9 | 75.2 | 73.2 | 71.2 | 69.3 | 67.4 |
| 39.0 | 75.5 | 73.5 | 71.5 | 69.6 | 67.7 |
| 39.1 | 75.8 | 73.8 | 71.8 | 69.9 | 68.0 |
| 39.2 | 76.1 | 74.0 | 72.1 | 70.1 | 68.3 |
| 39.3 | 76.4 | 74.3 | 72.4 | 70.4 | 68.5 |
| 39.4 | 76.7 | 74.6 | 72.6 | 70.7 | 68.8 |
| 39.5 | 77.0 | 74.9 | 72.9 | 71.0 | 69.1 |
| 39.6 | 77.3 | 75.2 | 73.2 | 71.3 | 69.4 |
| 39.7 | 77.6 | 75.5 | 73.5 | 71.5 | 69.6 |
| 39.8 | 77.9 | 75.8 | 73.8 | 71.8 | 69.9 |
| 39.9 | 78.2 | 76.1 | 74.1 | 72.1 | 70.2 |
| 40.0 | 78.5 | 76.4 | 74.4 | 72.4 | 70.5 |

续表 A

| 平均回弹值 $R_m$ | 测区混凝土强度换算值 $f^c_{cu,h,i}$ /MPa | | | | |
|---|---|---|---|---|---|
| | 平均碳化深度值 $d_m$/mm | | | | |
| | 0.0 | 0.5 | 1.0 | 1.5 | ≥2.0 |
| 40.1 | 78.8 | 76.7 | 74.7 | 72.7 | 70.7 |
| 40.2 | 79.1 | 77.0 | 75.0 | 73.0 | 71.0 |
| 40.3 | 79.4 | 77.3 | 75.3 | 73.2 | 71.3 |
| 40.4 | 79.8 | 77.6 | 75.5 | 73.5 | 71.6 |
| 40.5 | 80.1 | 77.9 | 75.8 | 73.8 | 71.8 |
| 40.6 | 80.4 | 78.2 | 76.1 | 74.1 | 72.1 |
| 40.7 | 80.7 | 78.5 | 76.4 | 74.4 | 72.4 |
| 40.8 | 81.0 | 78.8 | 76.7 | 74.7 | 72.7 |
| 40.9 | 81.3 | 79.1 | 77.0 | 75.0 | 73.0 |
| 41.0 | 81.6 | 79.4 | 77.3 | 75.2 | 73.2 |
| 41.1 | 81.9 | 79.7 | 77.6 | 75.5 | 73.5 |
| 41.2 | 82.2 | 80.0 | 77.9 | 75.8 | 73.8 |
| 41.3 | 82.6 | 80.3 | 78.2 | 76.1 | 74.1 |
| 41.4 | 82.9 | 80.7 | 78.5 | 76.4 | 74.4 |
| 41.5 | 83.2 | 81.0 | 78.8 | 76.7 | 74.6 |
| 41.6 | 83.5 | 81.3 | 79.1 | 77.0 | 74.9 |
| 41.7 | 83.8 | 81.6 | 79.4 | 77.3 | 75.2 |
| 41.8 | 84.1 | 81.9 | 79.7 | 77.6 | 75.5 |
| 41.9 | 84.4 | 82.2 | 80.0 | 77.8 | 75.8 |
| 42.0 | 84.8 | 82.5 | 80.3 | 78.1 | 76.0 |
| 42.1 | 85.1 | 82.8 | 80.6 | 78.4 | 76.3 |

续表 A

| 平均回弹值 $R_m$ | 测区混凝土强度换算值 $f^c_{cu,h,i}$ /MPa | | | | |
| --- | --- | --- | --- | --- | --- |
| | 平均碳化深度值 $d_m$/mm | | | | |
| | 0.0 | 0.5 | 1.0 | 1.5 | ≥2.0 |
| 42.2 | 85.4 | 83.1 | 80.9 | 78.7 | 76.6 |
| 42.3 | 85.7 | 83.4 | 81.2 | 79.0 | 76.9 |
| 42.4 | 86.0 | 83.7 | 81.5 | 79.3 | 77.2 |
| 42.5 | 86.3 | 84.0 | 81.8 | 79.6 | 77.5 |
| 42.6 | 86.7 | 84.3 | 82.1 | 79.9 | 77.8 |
| 42.7 | 87.0 | 84.7 | 82.4 | 80.2 | 78.0 |
| 42.8 | 87.3 | 85.0 | 82.7 | 80.5 | 78.3 |
| 42.9 | 87.6 | 85.3 | 83.0 | 80.8 | 78.6 |
| 43.0 | 87.9 | 85.6 | 83.3 | 81.1 | 78.9 |
| 43.1 | 88.3 | 85.9 | 83.6 | 81.4 | 79.2 |
| 43.2 | 88.6 | 86.2 | 83.9 | 81.7 | 79.5 |
| 43.3 | 88.9 | 86.5 | 84.2 | 82.0 | 79.8 |
| 43.4 | 89.2 | 86.8 | 84.5 | 82.3 | 80.1 |
| 43.5 | 89.5 | 87.1 | 84.8 | 82.5 | 80.3 |
| 43.6 | 89.9 | 87.5 | 85.1 | 82.8 | 80.6 |
| 43.7 | 90.2 | 87.8 | 85.4 | 83.1 | 80.9 |
| 43.8 | 90.5 | 88.1 | 85.7 | 83.4 | 81.2 |
| 43.9 | 90.8 | 88.4 | 86.0 | 83.7 | 81.5 |
| 44.0 | 91.2 | 88.7 | 86.3 | 84.0 | 81.8 |
| 44.1 | 91.5 | 89.0 | 86.7 | 84.3 | 82.1 |
| 44.2 | 91.8 | 89.4 | 87.0 | 84.6 | 82.4 |

| 平均回弹值 $R_m$ | 测区混凝土强度换算值 $f^c_{cu,h,i}$ /MPa | | | | |
|---|---|---|---|---|---|
| | 平均碳化深度值 $d_m$/mm | | | | |
| | 0.0 | 0.5 | 1.0 | 1.5 | $\geqslant 2.0$ |
| 44.3 | 92.1 | 89.7 | 87.3 | 84.9 | 82.7 |
| 44.4 | 92.5 | 90.0 | 87.6 | 85.2 | 83.0 |
| 44.5 | 92.8 | 90.3 | 87.9 | 85.5 | 83.3 |
| 44.6 | 93.1 | 90.6 | 88.2 | 85.8 | 83.5 |
| 44.7 | 93.4 | 90.9 | 88.5 | 86.1 | 83.8 |
| 44.8 | 93.8 | 91.3 | 88.8 | 86.4 | 84.1 |
| 44.9 | 94.1 | 91.6 | 89.1 | 86.7 | 84.4 |
| 45.0 | 94.4 | 91.9 | 89.4 | 87.0 | 84.7 |
| 45.1 | 94.8 | 92.2 | 89.8 | 87.4 | 85.0 |
| 45.2 | 95.1 | 92.5 | 90.1 | 87.7 | 85.3 |
| 45.3 | 95.4 | 92.9 | 90.4 | 88.0 | 85.6 |
| 45.4 | 95.7 | 93.2 | 90.7 | 88.3 | 85.9 |
| 45.5 | 96.1 | 93.5 | 91.0 | 88.6 | 86.2 |
| 45.6 | 96.4 | 93.8 | 91.3 | 88.9 | 86.5 |
| 45.7 | 96.7 | 94.1 | 91.6 | 89.2 | 86.8 |
| 45.8 | 97.1 | 94.5 | 91.9 | 89.5 | 87.1 |
| 45.9 | 97.4 | 94.8 | 92.3 | 89.8 | 87.4 |
| 46.0 | 97.7 | 95.1 | 92.6 | 90.1 | 87.7 |
| 46.1 | 98.1 | 95.4 | 92.9 | 90.4 | 88.0 |
| 46.2 | 98.4 | 95.8 | 93.2 | 90.7 | 88.3 |
| 46.3 | 98.7 | 96.1 | 93.5 | 91.0 | 88.6 |

续表 A

| 平均回弹值 $R_m$ | 测区混凝土强度换算值 $f^c_{cu,h,i}$ /MPa | | | | |
| --- | --- | --- | --- | --- | --- |
| | 平均碳化深度值 $d_m$/mm | | | | |
| | 0.0 | 0.5 | 1.0 | 1.5 | ≥2.0 |
| 46.4 | 99.1 | 96.4 | 93.8 | 91.3 | 88.9 |
| 46.5 | 99.4 | 96.7 | 94.1 | 91.6 | 89.2 |
| 46.6 | 99.7 | 97.1 | 94.5 | 91.9 | 89.5 |
| 46.7 | — | 97.4 | 94.8 | 92.2 | 89.8 |
| 46.8 | — | 97.7 | 95.1 | 92.6 | 90.1 |
| 46.9 | — | 98.0 | 95.4 | 92.9 | 90.4 |
| 47.0 | — | 98.4 | 95.7 | 93.2 | 90.7 |
| 47.1 | — | 98.7 | 96.1 | 93.5 | 91.0 |
| 47.2 | — | 99.0 | 96.4 | 93.8 | 91.3 |
| 47.3 | — | 99.4 | 96.7 | 94.1 | 91.6 |
| 47.4 | — | 99.7 | 97.0 | 94.4 | 91.9 |
| 47.5 | — | 100.0 | 97.3 | 94.7 | 92.2 |
| 47.6 | — | — | 97.7 | 95.0 | 92.5 |
| 47.7 | — | — | 98.0 | 95.4 | 92.8 |
| 47.8 | — | — | 98.3 | 95.7 | 93.1 |
| 47.9 | — | — | 98.6 | 96.0 | 93.4 |
| 48.0 | — | — | 98.9 | 96.3 | 93.7 |
| 48.1 | — | — | 99.3 | 96.6 | 94.0 |
| 48.2 | — | — | 99.6 | 96.9 | 94.3 |
| 48.3 | — | — | 99.9 | 97.2 | 94.6 |
| 48.4 | — | — | — | 97.6 | 95.0 |

续表 A

| 平均回弹值 $R_m$ | 测区混凝土强度换算值 $f^c_{cu,h,i}$ /MPa | | | | |
| --- | --- | --- | --- | --- | --- |
| | 平均碳化深度值 $d_m$/mm | | | | |
| | 0.0 | 0.5 | 1.0 | 1.5 | ≥2.0 |
| 48.5 | — | — | — | 97.9 | 95.3 |
| 48.6 | — | — | — | 98.2 | 95.6 |
| 48.7 | — | — | — | 98.5 | 95.9 |
| 48.8 | — | — | — | 98.8 | 96.2 |
| 48.9 | — | — | — | 99.1 | 96.5 |
| 49.0 | — | — | — | 99.5 | 96.8 |
| 49.1 | — | — | — | 99.8 | 97.1 |
| 49.2 | — | — | — | — | 97.4 |
| 49.3 | — | — | — | — | 97.7 |
| 49.4 | — | — | — | — | 98.0 |
| 49.5 | — | — | — | — | 98.4 |
| 49.6 | — | — | — | — | 98.7 |
| 49.7 | — | — | — | — | 99.0 |
| 49.8 | — | — | — | — | 99.3 |
| 49.9 | — | — | — | — | 99.6 |
| 50.0 | — | — | — | — | 99.9 |

# 附录 B 回弹法检测高强混凝土抗压强度报告

表 B 回弹法检测高强混凝土抗压强度报告

| 委托单位 | | 委托编号 | |
|---|---|---|---|
| 工程名称 | | 委托日期 | |
| 设计单位 | | 施工日期 | |
| 施工单位 | | 检测日期 | |
| 监理单位 | | 报告日期 | |
| 监督单位 | | 设计等级 | |
| 输送方式 | | 测面测角 | |
| 检测依据 | | | |

| 检 测 结 果 | | | | | | | |
|---|---|---|---|---|---|---|---|
| 构 件 | | 龄期/d | 碳化深度/mm | 混凝土抗压强度换算值/MPa | | | 混凝土强度推定值/MPa |
| 名 称 | 编 号 | | | 平均值 | 标准差 | 最小值 | |
| | | | | | | | |
| | | | | | | | |
| | | | | | | | |
| | | | | | | | |
| | | | | | | | |
| | | | | | | | |
| | | | | | | | |
| | | | | | | | |
| 备 注 | | | | | | | |

审批：　　　　　　　　校核：　　　　　　　　主检：

# 本规程用词说明

1 为便于在执行本规程条文时区别对待，对于要求严格程度不同的用词说明如下：

1）表示很严格，非这样做不可的：

正面词采用"必须"；

反面词采用"严禁"。

2）表示严格，在正常情况下均应这样做的：

正面词采用"应"；

反面词采用"不应"或"不得"。

3）表示允许稍有选择，在条件许可时首先应这样做的：

正面词采用"宜"；

反面词采用"不宜"。

4）表示有选择，在一定条件下可以这样做的，采用"可"。

2 条文中指明应按其他有关标准执行的写法为："应按……执行"或"应符合……规定"。

# 引用标准目录

1 《回弹仪》GB/T 9138
2 《建筑结构检测技术标准》GB/T 50344
3 《回弹仪》JJG 817
4 《回弹法检测混凝土抗压强度技术规程》
   JGJ/T 23—2011

四川省工程建设地方标准

回弹法检测高强混凝土抗压强度技术规程

DBJ51／T018－2013

条 文 说 明

# 目　次

# 1 总　则

**1.0.1** 统一回弹仪检测方法，检测抗压强度不低于 50.0 MPa 的混凝土，保证检测精度是本规程制定的目的。

**1.0.2** 由于在四川地区采用普通混凝土回弹仪检测 50.0 MPa 以上混凝土强度时精度较差，以及考虑到高强混凝土回弹仪的适用范围，因此本规程适用于强度范围为(50.0 ~ 100.0)MPa 混凝土的检测。由于回弹法是通过回弹仪检测混凝土表面硬度从而推算出混凝土强度的方法，因此不适用于表层与内部质量有明显差异或内部存在缺陷的混凝土构件的检测。

**1.0.3** 由于本规程规定的方法是处理混凝土质量问题的依据，若不进行专门的技术培训，则会对同一构件混凝土强度的推定结果存在因人而异的混乱现象，因此本条规定，凡从事本项检测的人员应经过培训并持有相应的资格证书。

**1.0.4** 凡本规程涉及的其他有关方面，例如钻芯取样，高空、深坑作业时的安全技术和劳动保护等，均应遵守相应的标准和规范。

# 3 回弹仪

## 3.1 技术要求

**3.1.1** 目前，按国家标准大动能混凝土回弹仪分为 9.8 J、5.5 J 及 4.5 J 三种型号，该规程在仪器的选择上，既要考虑其能量能满足检测精度的要求，又要考虑现场适用。若能量太小则不能反映高强混凝土的差别，若能量太大则现场操作困难失去了回弹仪体积小、重量轻、方便灵活的特点。根据上述原则，本规程试验研究选择了标称能量为 5.5 J 的 ZC1-A 型高强混凝土回弹仪，并建立了测强曲线。因此，本规程仅适用于该型号高强混凝土回弹仪进行混凝土强度检测。

**3.1.2** 由于回弹仪为计量仪器，因此在回弹仪明显的位置上要标明名称、型号、制造厂名、生产编号及生产日期。

**3.1.3** 回弹仪的质量及测试性能直接影响混凝土强度推定结果的准确性。根据多年对回弹仪的测试性能试验研究，编制组认为：回弹仪的标准状态是统一仪器性能的基础，是使回弹法广泛应用于现场的关键所在；只有采用质量统一，性能一致的回弹仪，才能保证测试结果的可靠性，并能在同一水平上进行比较。在此基础上，提出了下列回弹仪标准状态的各项具体指标：

**1** 水平弹击时，弹击锤脱钩的瞬间，回弹仪的标准能量 $E$，即回弹仪弹击拉簧恢复原始状态所做的功为：

$$E = \frac{1}{2}KL^2 = \frac{1}{2} \times 1100 \times 0.1^2 = 5.5 \text{ J} \tag{3-1}$$

式中 $K$——弹击拉簧的刚度（N/m）；

$L$——弹击拉簧工作时拉伸长度（m）。

**2** 弹击锤与弹击杆碰撞瞬间，弹击拉簧应处于自由状态，此时弹击锤起跳点应相应于刻度尺上的"0"处，同时，弹击锤应在相应于刻度尺上的"100"处脱钩，也即在"0"处起跳。

试验表明，当弹击拉簧的工作长度、拉伸长度及弹击锤的起跳点不符合以上规定的要求，即不符合回弹仪工作的标准状态时，则各仪器在同一试块上测得的回弹值的极差很大。

**3** 标称能量 5.5 J 回弹仪的率定应使用配套钢砧。检验回弹仪的率定值是否符合 83 ± 2 的作用是：检验回弹仪的标准能量是否为 5.5 J；回弹仪的测试性能是否稳定；机芯的滑动部分是否有污垢等。

当钢砧率定值达不到 83 ± 2 范围内时，不允许用混凝土试块上的回弹值予以修正，更不允许旋转尾盖调零螺丝人为地使其达到率定值。试验表明上述方法不符合回弹仪测试性能，破坏了零点起跳亦即使回弹仪处于非标状态。此时，可按本规程第 3.3 节要求进行常规保养，若保养仍不合格，可送检定单位检定。

**3.1.4** 环境温度异常，对回弹仪的性能有影响，故规定了其使用时的环境温度。

## 3.2 检 定

**3.2.1** 本条指出，检定混凝土回弹仪的单位应由主管部门授权，并按照国家计量检定规程《回弹仪》JJG 817 进行。开展检定工作要备有回弹仪检定器、拉簧刚度测量仪等设备。目前有的地区或部门不具备检定回弹仪的资格及条件，甚至不懂得回弹仪的标准状态,进行调整调零螺丝以使其钢砧率定值达到 83±2 的错误做法;有的没有检定设备也开展检定工作,以至于影响了回弹法的正确推广使用。因此,有必要强调检定单位的资格和统一检定回弹仪的方法。

目前,回弹仪生产不能完全保证每台新回弹仪均为标准状态,因此新回弹仪在使用前必须检定。回弹仪检定期限为半年,这样规定比较符合我国目前使用回弹仪的情况。

**3.2.2** 本条给出了回弹仪的率定方法。

**3.2.3** 钢砧的钢芯强度和表面状态会随着弹击次数的增加而变化,故规定钢砧应每 2 年校验 1 次。

### 3.3 保 养

**3.3.1** 本条主要规定了回弹仪常规保养的要求。

**3.3.2** 本条给出了回弹仪常规保养的步骤。进行常规保养时,必须先使弹击锤脱钩后再取出机芯,否则会使弹击杆突然伸出造成伤害。取机芯时要将指针轴向上轻轻抽出,以免造成指针片折断。此外各零部件清洗完后,不能在指针轴上抹油。否则,使用中由于指针轴的污垢,将使指针摩擦力变化,直接影响了检测结果。

**3.3.3** 回弹仪每次使用完毕后,应及时清除表面污垢。不用时,应将弹击杆压入仪器内,必须经弹击后方可按下按钮锁住机芯,如果未经弹击而锁住机芯,将使弹击拉簧在不工作时仍处于受拉状态,极易因疲劳而损坏。存放时回弹仪应平放在干燥阴凉处。如存放地点潮湿将会使仪器锈蚀。

# 4 检测技术

## 4.1 一般规定

**4.1.1** 本条列举的 1~6 项资料，是为了对被检测的构件有全面、系统的了解。此处，了解水泥安定性合格与否的目的在于，如水泥安定性不合格则不能检测，如不能确切了解水泥安定性与否应在检测报告上说明，以免产生由于后期混凝土强度因水泥安定性不合格而降低或丧失所引起事故责任不清的问题。另外，也应了解清楚混凝土成型日期，这样可以推算出检测时构件混凝土的龄期。

**4.1.2** 本条是为了保证在使用中及时发现和纠正回弹仪的非标准状态。

**4.1.3** 由于回弹法测试具有快速、简便的特点，能在短期内进行较多数量的检测，以取得代表性较高的总体混凝土强度数据，故规定：按批进行检测的构件，抽检数量不得少于同批构件总数的 30% 且构件数量不得少于 10 个。当检验批构件数量过多时，抽检构件数量可按照《建筑结构检测技术标准》GB/T 50344 进行适当调整。

此外，抽取试样应严格遵守"随机"的原则，并宜由建设单位、监理单位、施工单位会同检测单位共同商定抽样的范围、数量和方法。

**4.1.4** 某一方向尺寸不大于 4.5 m 且另一方向尺寸不大于 0.3 m 时，作为是否需要 10 个测区数的界线另外，当受检构件数量较多且混凝土质量较均匀时，如果还按 10 个测区，检测工作量太大，可以适当减少测区数量，但不得少于 5 个测区。

本规程规定检测时只能水平方向检测混凝土浇筑侧面。因为非水平方向或浇筑表面、底面的修正值不同于行业标准（JGJ/T 23—2011）的规定；泵送混凝土流动性大，其浇筑面的表面和底面差异较大，且未做系统试验，因此在布置测区时应注意测试面必须使回弹仪处在水平方向检测混凝土浇筑侧面。

检测构件布置测区时，相邻两测区的间距及测区离构件端部或施工缝的距离应遵守本条规定。测区布置时，宜选在构件两个对称的可测面上，当可测面的对称面无法检测时，也可以一个检测面上布置测区。

检测面应为混凝土原浆面，已经粉刷的构件应将粉刷层清除干净，不可将砂浆粉刷层当做混凝土原浆面进行检测。如果养护不当，混凝土表面会产生疏松层，尤其在气候干燥地区更应注意，应将疏松层清除后方可检测，否则会造成误判。

对于薄壁小型构件，如果约束力不够，回弹时产生颤动，会造成回弹能量损失，使检测结果偏低。因此必须加以可靠支撑，使之有足够的约束力方可检测。

**4.1.5** 在记录纸上描述测区在构件上的位置和外观质量(例如有无裂缝)，目的是以备推定和分析处理构件混凝土强度时参考。

**4.1.6** 当检测条件与测强曲线的适用条件有较大差异时，例如龄期、成型工艺、养护条件等有差异，可以采用钻取混凝土芯样进行修正，修正时试件数量应不少于 6 个。芯样数量太少代表性不够，且离散较大。如果数量过大，则钻取芯工作量太大，有些构件又不宜取过多芯样，否则影响其结构安全性，因此，规定芯样数量应不少于 6 个。考虑到芯样强度计算时，不同规格的修正会带来新的误差，因此规定芯样的直径宜为 100 mm，高径比为 1。另外，需要指出的是，此处每一个钻取芯样的部位应在回弹测区内，先测定测区回弹值，然后再钻取芯样。不可以将较长芯样沿长度方向截取为几个芯样来计算修正量。芯样的钻取、加工、计算可参照《钻芯法检测混凝土强度技术规程》CECS 03 执行。

**4.1.7** 按本规程附录 A 推定测区混凝土强度换算值，适用于碳化深度值为(0.0 ~ 2.0)mm。当出现超过 2.0 mm 碳化深度值的情况时，可按本规程附录 A 查表再按第 4.1.6 条进行检测修正。

## 4.2　回弹值测量与计算

**4.2.1** 检测时应注意回弹仪的轴线要始终垂直于混凝土检测面，并且缓慢施压不能冲击，否则回弹值读数不准确。

**4.2.2** 本条规定每一测区读取 16 点回弹值，它不包含弹击隐藏在薄薄一层水泥浆下的气孔或石子上的数值，这两种数值与该测区的正常回弹值偏差很大，很好判断。同一测点只允许弹击一次，若重复弹击则后者回弹值高于前者，这是因为经弹击后该局部位置较密实，再弹击时吸收的能量较小从而使回弹值偏高。

**4.2.3** 本条规定的测区平均回弹值计算方法和建立测强曲线时的取舍方法一致，不会引进新的误差。

## 4.3　碳化深度值测量

**4.3.1** 本规程附录 A 中测区混凝土强度换算值由回弹值及碳化深度值两个因素确定，因此将碳化平均值作为该构件每个测区的碳化深度值。

**4.3.2** 由于现在所用水泥掺合料品种繁多,有些水泥水化后不能立即呈现碳化与未碳化的界线,需等待一段时间显现。因此本条规定了量测碳化深度时,需待碳化与未碳化界线清楚时再进行量测的内容。与回弹值一样,碳化深度值的测量准确与否,直接影响推定混凝土强度的准确性,因此在测量碳化深度值时应为垂直距离,并非孔洞中显现的非垂直距离,测量碳化深度值时应采用专用测量仪器,每个点测量 3 次,每次测量碳化深度可以精确到 0.25 mm,3 次测量取平均值,精确到 0.5 mm。

# 5 测强曲线

**5.0.1** 测强曲线是通过在四川有代表性地区(成都地区、宜宾地区、南充地区、乐山地区)制作的边长为 150 mm 的立方体试件按统一规定方法进行自然养护和置放,分别在不同龄期用标准状态的回弹仪进行试验后,统计计算而得出的。本次各参加试验单位共取得混凝土试验数据 533 个,按照最小二乘法的原理,通过回归而得到的幂函数曲线方程为:

$$f = 0.2440R^{1.5652}10^{(-0.02354d_{\mathrm{m}})} \tag{5.0.1}$$

该公式经验证符合测强曲线的误差要求,具体参数指标如表 5.0.1 所示:

**表 5.0.1 测强曲线参数指标**

| 相关系数 | 平均相对误差 | 相对标准差 |
|---|---|---|
| 0.898 | ±6.8% | 8.5% |

本试验使用的粗骨料为石灰岩、花岗岩、玄武岩、辉绿岩等,细骨料为河砂、机制砂、混合砂等,水泥为硅酸盐水泥、普通硅酸盐水泥,外加剂为聚羧酸系或萘系减水剂,掺合料为粉煤灰、矿粉、硅粉等。因此该测强曲线适用范围均应在试验时所包含的内容以内(如原材料、外加剂、掺合料、龄期、强度等),不得外推。因此本条对该公式的适用范围做了具体规定,超出范围的可以采用在构件上钻取的混凝土芯样进行修正等方法检测,不得延长或扩大使用范围,否则无法保证检测精度。

**5.0.2** 泵送混凝土粗骨料最大公称粒径大于 31.5 mm 时已不能满足泵送的要求，构件生产中，有的并非一般机械成型工艺可以完成，例如混凝土轨枕，上、下水管道等，就需采用加压振动或离心法成型工艺，超出了该测强曲线的使用范围；对于在非平面的构件上测得的回弹值关系，国内目前尚无试验资料，现参照国外资料，规定凡测试部位的曲率半径小于 250 mm 的构件一律不能采用该测强曲线；混凝土表面湿度对回弹法测区影响很大，应等待混凝土表面干燥后再进行检测。

# 6 混凝土强度的计算

**6.0.1** 构件的每一测区的混凝土强度换算值,是由每一测区的平均回弹值及平均碳化深度值按测强曲线查表或者计算得出。

**6.0.2** 此条给出了测区混凝土强度平均值及标准差的计算方法。需要说明的是,在计算标准差时,强度平均值应精确至 0.01 MPa,否则会因二次数据修约而增大计算误差。

**6.0.3** 当测区数量 ≥ 10 个时,为了保证构件的混凝土强度满足95%的保证率,采用数理统计的公式计算强度推定值;当构件测区数 < 10 个时,因样本太少,取最小值作为强度推定值。此外当构件中出现测区强度无法查出 (如 $f_{cu,h}^c < 50.0$ MPa 或 $f_{cu,h}^c > 100.0$ MPa)时,因无法计算平均值及标准差,也只能以最小值作为该强度推定值。

**6.0.4** 当测区的标准差过大时,说明已有某些系统误差因素起作用,例如构件不是同一强度等级,龄期差异较大等,不属于同一母体,由此不能按批进行推定。

**6.0.5** 检测报告是工程测试的最后结果,是处理混凝土质量问题的依据,宜按统一格式出具。